U0026035

憋不住的尿尿

段張取藝　著／繪

超級神奇的身體

2022年10月01日初版第一刷發行

著、繪者　段張取藝
主　　編　陳其衍
美術編輯　黃郁琇
發 行 人　南部裕
發 行 所　台灣東販股份有限公司
＜地址＞台北市南京東路4段130號2F-1
＜電話＞(02)2577-8878
＜傳真＞(02)2577-8896
＜網址＞http://www.tohan.com.tw
郵撥帳號　1405049-4
法律顧問　蕭雄淋律師
總 經 銷　聯合發行股份有限公司
＜電話＞(02)2917-8022

尿尿**好麻煩！**

每當尿意上湧，

無論男女老少，

都不免眉頭一皺，

只能放下手中的事，

趕緊去尿尿。

尿意來襲

尿意總是不分時間、不分場合突然來襲，讓我們措手不及。

被老師點名
回答問題時

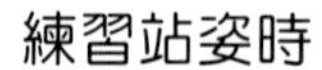

聽故事時

聽到下雨聲時

正在表演節目時

看書看得正入迷時

踢足球射門時

看到別人去上廁所時

長跑比賽時

電影進行到高潮時

剛尿完沒多久時

遊戲玩得正激烈時

做廣播體操時

和朋友玩得正開心時

坐過山車時

潛水時

半夜睡得正香時

被惡作劇
嚇到時

尿在哪兒？

每當尿意來襲，我們就得想想到底該尿在哪兒。

尿在媽媽肚子裡

尿在尿布裡

尿在馬桶裡

尿在床上

尿在浴室裡

和狗狗一起尿在樹幹上

上課時，尿在座位上

在車裡時，尿在瓶子裡

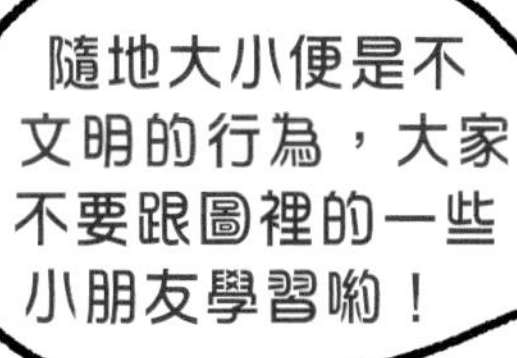

尿在螞蟻洞裡

尿在雪地裡

尿在火堆上滅火

在沙漠時，尿在水壺裡

尿在壞人身上

尿在溫泉裡

站一排，尿在菜園裡

尿是怎麼來的？

我們的身體每時每刻都在不斷產生許多無用和有害的物質，需要及時排出體外。尿尿就是其中一種排泄方式，就像工廠排放污水一樣。

4.這些尿液通過輸尿管進入膀胱，排隊等候被排出體外。
開閘，放水！
5.膀胱裡面的尿液積累到一定量時，就會向大腦匯報，產生尿意。
6.在得到許可後，尿道括約肌會放鬆，尿就可以從尿道排出體外，這個過程就是我們俗稱的「尿尿」。
男生總是站著尿尿，這是因為男生的尿道比較長，站著尿尿會很順暢。
女生總是蹲著尿尿，這是因為女生的尿道比較短，蹲著尿尿不容易弄髒衣服。

「精挑細選」的尿
尿液的形成可不是一步到位的，而是經過了腎臟的「精挑細選」。
腎單位挑選員
腎臟的製尿部分由許多腎單位（腎元）組成，每個腎都有大約100萬個腎單位，每個腎單位又由腎小體和腎小管組成。
腎小體中的腎小球由一團毛細血管組成，纏繞在一起，就像個毛線球。
1.腎小球初過濾
血液通過腎臟時，會流入腎小球（絲球體、腎絲球），血液中的水分、營養物質、代謝廢物等被腎小球過濾出來，形成原尿，並流進腎小管。
每天被腎小球過濾的原尿大約有150～180升，相當於滿滿一浴缸！直接排出去太浪費寶貴的水分了，所以需要再吸收一次。

2.腎小管重新吸收原尿
長長的腎小管能提供更多時間和空間，可以盡可能多地重新吸收原尿中對人體有用的蛋白質、葡萄糖、水和礦物質（無機鹽）。
3.腎小管排泄、分泌終尿
再次被過濾出來的液體就變成了終尿，順著腎小管匯集到腎盂裡。
經過兩輪篩選，我們終於有尿了！
4.尿液成品出貨
腎盂裡的終尿再經過輸尿管流入膀胱，最後順著尿道排出體外。

尿裡有乾坤
尿看起來好像只是些有顏色的液體，不過科學家們發現，尿液中其實含有超過3000種化學物質，其中還有不少是很重要的成分。
雖然尿尿主要是排泄身體裡的廢物，但我們也可以變廢為寶！
尿激酶
可以溶解引發心臟病的血栓，降低心臟病的發病風險。
水
尿液中95%以上都是水，它能保證身體中的廢物被順利排出。
氯化物
可以用來處理污水、淨化飲用水和製作防腐劑。

磷酸鹽
可以用來製造清潔劑。
尿素
可以用來製作肥料、清洗劑
等產品，還可以美白牙齒。
硝酸鹽
可以用來製作火藥。
尿酸
可以從中提取出
治癒傷口和潰瘍
的尿囊素。
肌酸
能夠為肌肉和神經細胞
提供能量。
尿液中也有很
多有害物質和有
害細菌，所以千萬不
要嘗試喝尿喲！

五顏六色的尿

通常，我們看到的尿液是黃色的，這是因為尿液中含有尿膽素（尿色素）。然而，有時尿液的顏色會發生改變，並反映出我們身體的健康狀況。

除了缺水，
還有一些其他
原因也會影響尿
液的顏色。
啤酒色
可能是肝臟出現了問題。
泡沫尿
很可能是腎臟出現了問題。
紅色
可能是因為剛吃了紅心
火龍果。
藍色或綠色
吃了特殊的藥導致的，
比如一些消炎藥。
黑色
可能是酚中毒或
是惡性瘧疾。

尿的奇怪氣味

正常的尿不會有太大的氣味，如果我們尿尿時聞到了一些奇奇怪怪的氣味，可就要小心了。

如果看到有螞蟻
聚在尿液附近，可
不是尿太受歡迎，
而是要小心是不是
得了糖尿病！
焦糖味
可能患有先天遺傳有關的楓糖
尿症，身體代謝出現了異常。
爛蘋果味
可能是長久飢
餓或是糖尿病
酮症酸中毒。
腐敗腥臭味
泌尿系統發生感染，
膀胱或腎盂發炎了。
惡臭味
可能是受到一種叫做大腸
桿菌的細菌感染，它們會
使尿液產生惡臭味。

「尿王」的成長之路

隨著年齡的增長，我們的尿量也會有所改變。

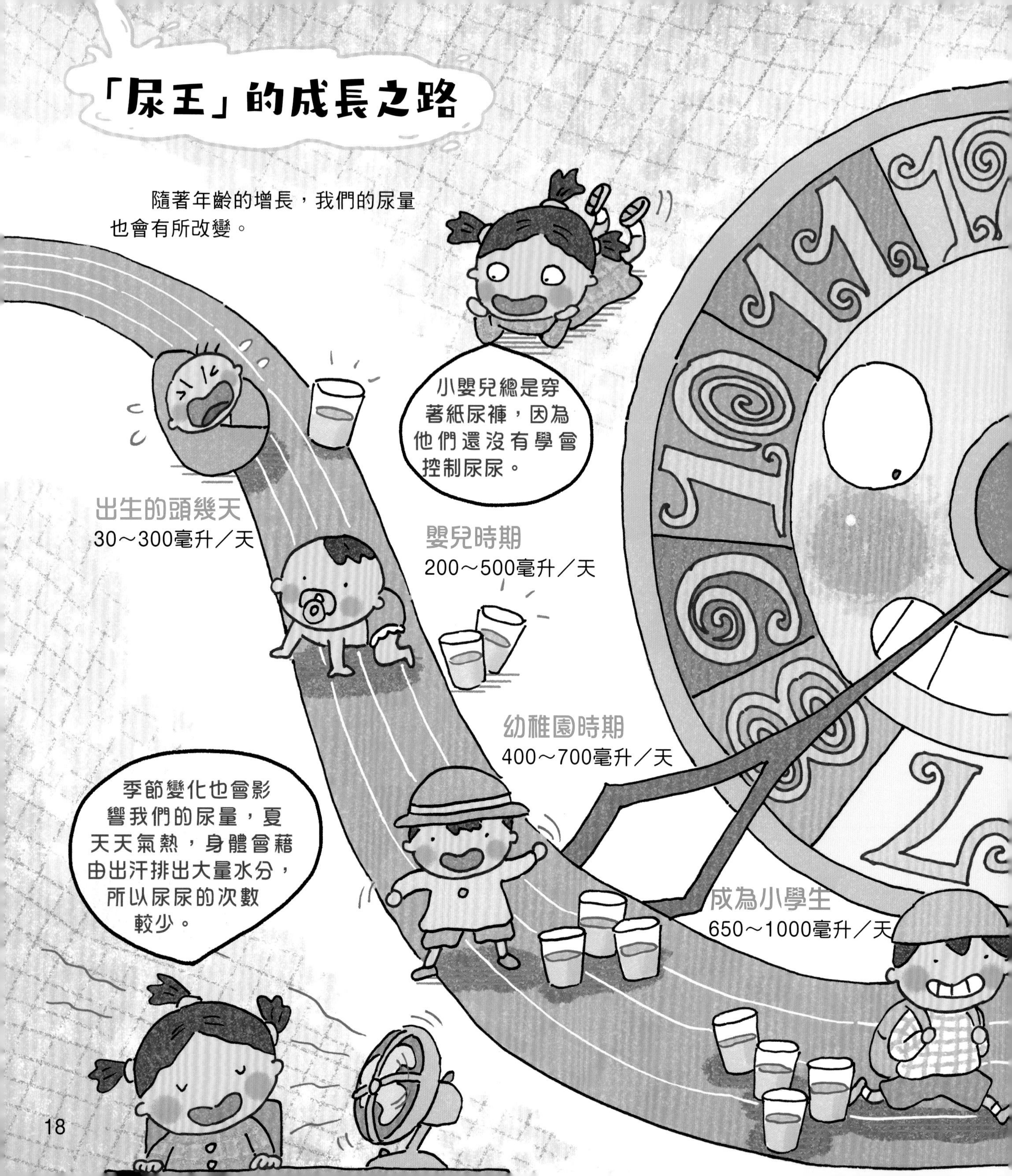

人這一輩子大
約會尿40000升
的尿，有整整兩輛
油罐車這麼多！
長大以後
1500～
2000毫升／天
少年時期
800～1400毫升／天
冬天天氣冷，
我們不怎麼出
汗，尿尿的次數
自然就變多
了。

尿床別擔心
有時我們會夢到想尿尿，好不容易在夢裡找到廁所，痛快地「開閘放水」，醒來後卻發現原來是尿床了。尿床是每個人都可能會經歷的事，產生的原因也有很多。
快醒醒呀！又在床上尿「地圖」了！
睡前喝水過多
產生的尿液超過了膀胱所能夠容納的範圍。
情緒波動
緊張、焦慮等原因導致情緒發生波動，產生很大的精神壓力。
垃圾食品
含有咖啡因和人工色素的垃圾食品也可能導致尿床。
睡得太熟
還沒睡醒，就在睡夢中排空了膀胱。

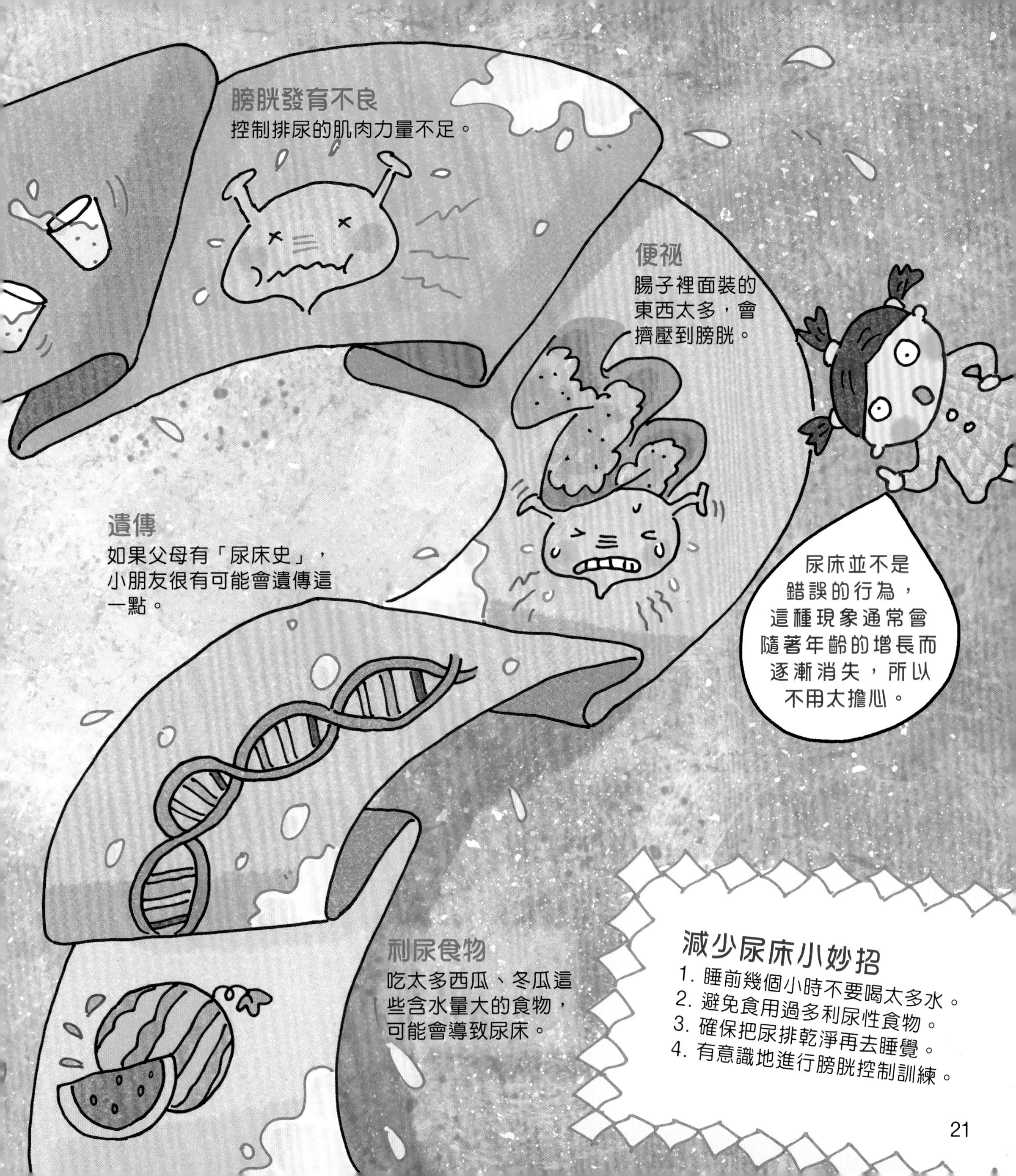
膀胱發育不良
控制排尿的肌肉力量不足。
便祕
腸子裡面裝的
東西太多，會
擠壓到膀胱。
遺傳
如果父母有「尿床史」，
小朋友很有可能會遺傳這
一點。
尿床並不是
錯誤的行為，
這種現象通常會
隨著年齡的增長而
逐漸消失，所以
不用太擔心。
利尿食物
吃太多西瓜、冬瓜這
些含水量大的食物，
可能會導致尿床。
減少尿床小妙招
1. 睡前幾個小時不要喝太多水。
2. 避免食用過多利尿性食物。
3. 確保把尿排乾淨再去睡覺。
4. 有意識地進行膀胱控制訓練。

憋尿危害大

當尿意來臨時，我們可能會被一些事情影響而不想馬上去尿尿，這時往往就會選擇憋尿。

看書看得正入迷

遊戲打得正火熱

睡在暖和的被窩裡，不想起床

和小夥伴玩得正高興

電視正看到精彩的部分

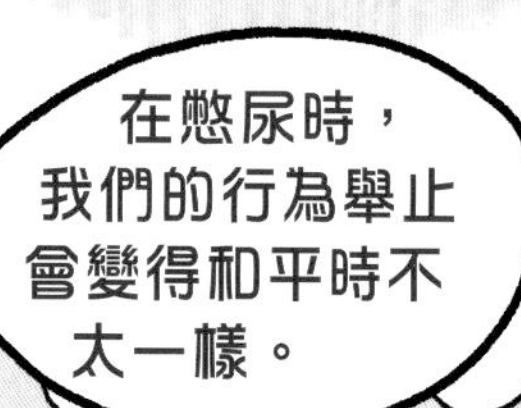

坐立不安！

雙腿夾緊！

思維混亂！

排尿失靈

經常憋尿，容易讓膀胱末梢神經因過分緊張而出現麻痺，會讓人失去排尿感，出現排尿困難、尿褲子等情況。

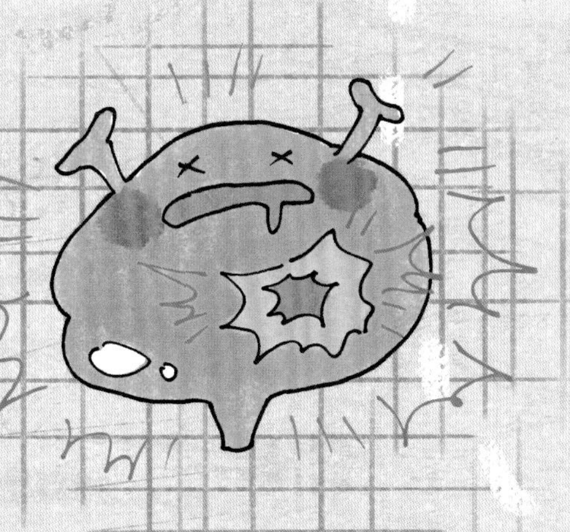

膀胱破裂

如果憋尿時間過長，膀胱就會被撐得太大，在外力作用下，還可能導致膀胱破裂。

尿道感染

長期憋尿還會引起尿道感染，嚴重時會導致腎衰竭，甚至引發生命危險。

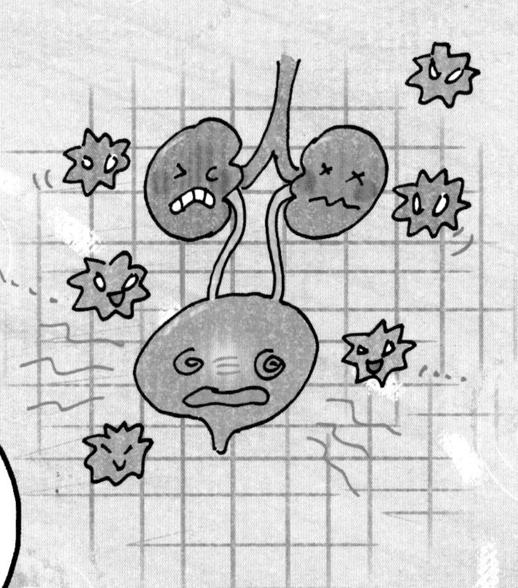

歷史上的尿

縱觀歷史，尿也是存在感十足呢！

最早的尿液評估

西元前4000年，蘇美人和巴比倫人的醫生最早在黏土片上記錄了他們對尿液的健康評估。

尿尿也要交稅

古羅馬時期，尿是一種有價值的商品，可以銷售給織物店和洗衣店。當時的皇帝維斯帕先還曾對尿尿進行徵稅。

嘗尿救父

唐朝時，名醫王燾親自嘗了父親的尿液，發現尿液是甜的，因此判定父親患上了消渴症（糖尿病的古稱），並針對病情制訂了合適的治療方案。

被尿液撐起的紡織業

16世紀，英格蘭的紡織業曾從整個國家運送了相當於1000人一年尿量的尿到約克郡，在那裡將尿與明礬混合形成尿液媒染劑，用來給衣服上色。

點尿成磷術

17世紀中期，煉金術士亨尼格・布蘭德試圖把尿液變成黃金時，意外從中發現了磷。

燃燒的「火尿」

在20世紀初期之前，火藥製造商仍在利用尿液中天然存在的氮來製造火藥。

太空中的紙尿褲

20世紀中期，由於當時的太空飛行器裡沒有廁所，科學家便在太空衣中加了一層紙尿褲，這樣太空人可以直接尿在紙尿褲裡。

聞尿識癌

科學家訓練狗狗聞人類的尿液，以此來檢測癌症。

尿液的神奇用法
古人說，肥水不流外人田，這裡的「肥水」指的就是尿液。除了能排出身體裡的廢物，尿液的用處比我們想像的還要多得多。
尿液發電
科學家將微生物分解尿液時所產生的能源轉化成電能，開發出了所謂的「尿液電池」。
滋養植物
在一些農村地區，人們會把尿液收集起來，作為天然肥料澆灌植物，使其能茁壯生長。
消毒劑
墨西哥的阿茲特克人曾經使用尿液來為傷口消毒。

軟化皮革

在古代，人們曾用尿液來軟化和鞣製動物皮。

美白牙齒

在古羅馬，人們用尿液漱口，來美白牙齒。

抵禦毒氣攻擊

第一次世界大戰期間，如果士兵們沒帶防毒面具，他們會將尿液浸泡過的布料製成臨時防毒面具，保護自己免受毒氣攻擊。

尿液墨水

20世紀中期，一些間諜會將尿液作為隱形墨水使用，只有透過加熱，才能看到用尿液寫在紙上的資訊。

製作麵包

第二次世界大戰期間，一些被關押在營地的荷蘭人用自己的尿液做酵母，成功製作出了麵包。

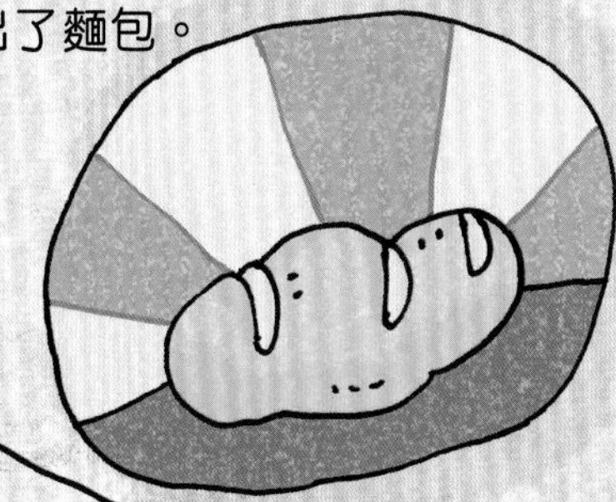

尿尿趣聞錄
關於尿尿，還有一些我們不知道的趣聞。
不合時宜的「頻尿」
不少人一到考試的時候就想要尿尿，這是因為考試時人們往往很緊張，膀胱的肌肉因此也會緊張，膀胱縮小，人們就會有想要尿尿的感覺。
「有仇必報」的彈尿牆
為了對付一些愛在街頭小便的人，德國漢堡市政府給牆壁塗上了防水塗層，一旦有人對著牆壁小便，牆壁就會「原物奉還」。
尿尿拯救城市
在比利時的布魯塞爾，曾有個叫于連的小男孩，透過尿尿澆滅了入侵者放置的炸藥引信，拯救了整個城市。為了紀念他，人們特意修建了一尊「尿尿小童」雕像。

膀胱也會害羞
有一種常見的心理疾病叫做害羞膀胱症候群，表現為只要有人在身邊就無法尿尿，導致也不能在飛機、輪船和火車等公共場合上廁所。
泡在尿裡長大
科學家發現，當我們還是胎兒的時候，我們排出的尿又回到了羊水裡。
天然「利尿劑」
蒲公英的綠葉含有利尿成分，可以用於製作利尿劑，促進排尿。

動物們的尿
除了人類，動物們的尿也有許多令人意想不到的有趣故事。
鳥糞炸彈
鳥因為沒有膀胱，尿會和便便一起排出，這些屎尿組成的糊狀物被排出時，就像在空中投放一顆顆「鳥糞炸彈」。
羊尿淨化器
綿羊的尿曾被英國的一家公司用來淨化公車排出的有害氣體。
象尿瀑布
貓的每日尿量為0.1～0.2升，大象的每日尿量約為49升，差不多是貓尿量的490倍。這使得大象尿尿時看起來就像個小瀑布。

牛尿飲料
在印度，牛的地位很高，人們會用牛尿來洗澡，甚至以牛尿為原料製作出了飲品。
尿尿時長很一致
研究發現，體重超過5公斤的哺乳動物排尿時間都在21秒左右，這個研究還獲得了2015年的搞笑諾貝爾獎。
猴尿「香水」
捲尾猴和松鼠猴都會用少量尿液擦拭腳底和尾巴。科學家認為，這個舉動可以散發荷爾蒙氣味，並防止蚊蟲叮咬。
標記領土
犬科和貓科的許多動物都會用尿液來標記領土，以宣示主權。

朋友們一起去看電影，看得正入迷時，你突然感到尿意來襲，這時你該怎麼辦？

到了公共廁所，發現好多人在排隊，只好焦急地等待。

進入廁所，痛快地尿出來！

膀胱被尿漲得難受，好像隨時都要尿出來了，只好狂奔去廁所。

由於已經憋尿憋了一段時間，所以尿液黃黃的，還帶有刺鼻氣味。

因為跑得太快，一不小心摔倒在地上。膀胱受到擠壓，一下子全尿出來了。

排隊領玩具時，尿意漸漸消失，膀胱好像也沒有了感覺。

由於憋尿太久，導致膀胱失去控制，尿了一褲子。

請你分辨一下，下面這些顏色的尿液分別對應的是什麼情況呢？

A. 身體需要補充水分啦！

B.非常健康！

1.無色

2.淡黃色

C.身體大量缺水了。

3.黃色

4.深黃色

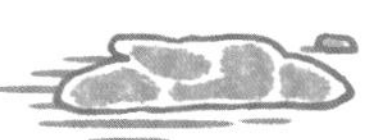

5.蜂蜜色

D.水喝得太多啦！

E.正常！

J. 吃了紅心火龍果。

I.最近吃了特殊的藥。

10.黑色

9.藍色或綠色

H. 肝臟出現問題了！

8.紅色

7.啤酒色

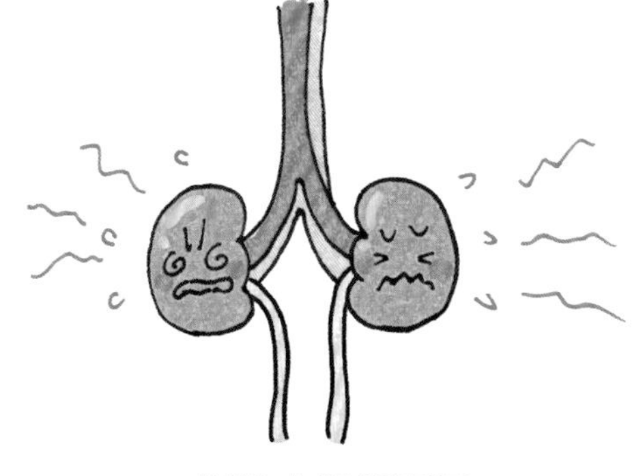

G.腎臟出現問題了！

6.泡沫尿

F. 酚中毒或是惡性瘧疾，危險！

答案：1.D 2.B 3.E 4.A 5.C 6.G 7.H 8.J 9.I 10.F

作者介紹

成立於2011年，扎根童書領域多年，致力於用優秀的專業能力和豐富的想像力打造精品圖書，已出版300多本少兒圖書。主要作品有《逗逗鎮的成語故事》、《古代人的一天》、《西遊漫遊記》、《拼音真好玩》、《文言文太容易啦》等系列圖書，版權輸出至多個國家和地區。其中，《皇帝的一天》入選「中國小學生分級閱讀書目」（2020年版），《森林裡的小火車》入選中國圖書評論學會「2015中國好書」。

主創團隊

段穎婷
張卓明
陳依雪
韋秀燕
肖　嘯
王　黎

審讀

張緒文　義大利特倫托大學生物醫學博士
馬瑞霞　青島大學附屬醫院腎內科主任醫師
楊　毅　科普作家、自然博物課程指導老師、野生動物攝影師

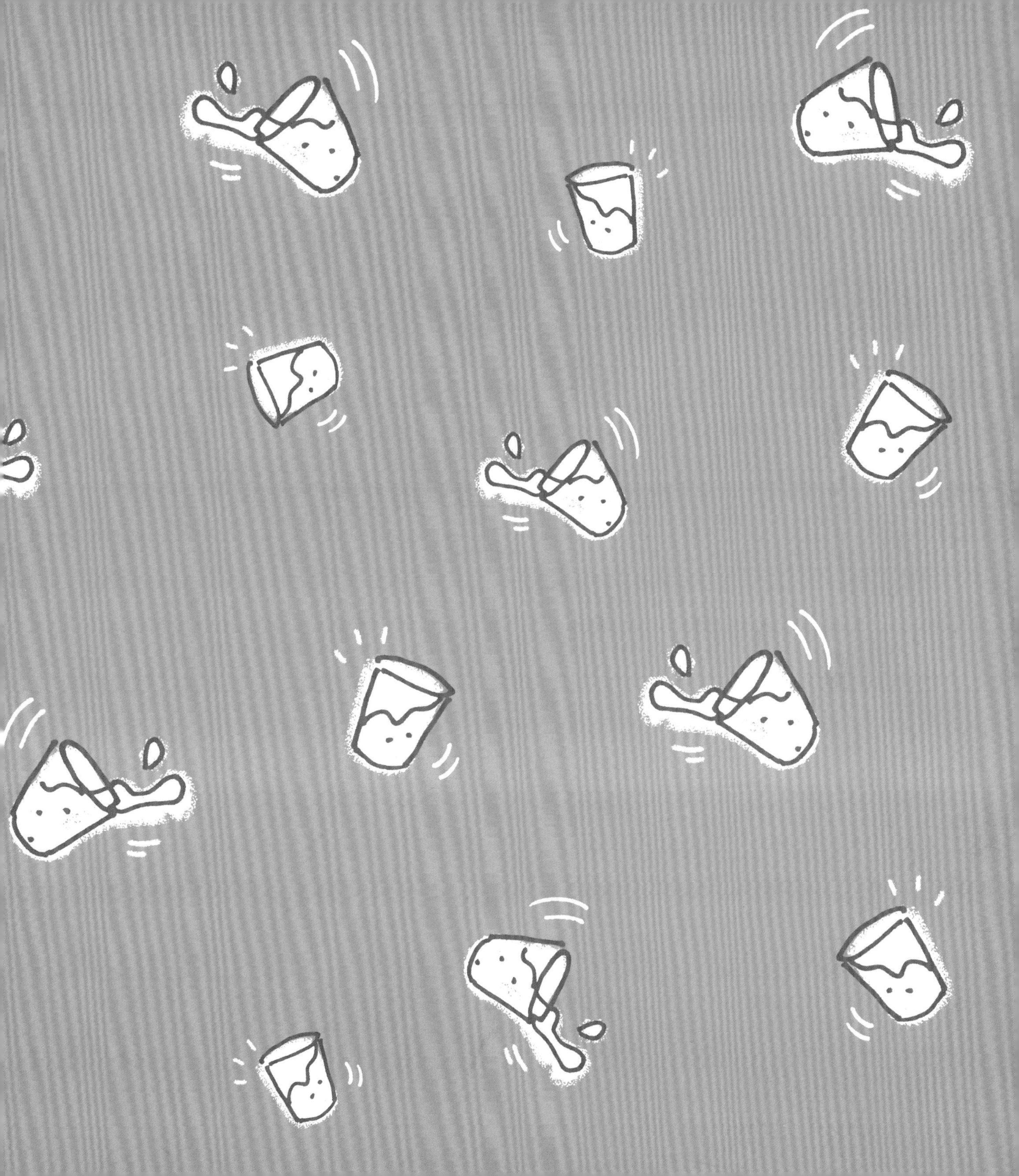